鳄鱼的好朋友是谁呢?

走进大自然

自然界中存在很多共生现象，现代生物学家认为凡是发生频繁密切接触的不同物种间的关系，都属于共生关系，不管其中哪方受益，包括互利共生、偏利共生和寄生。《动物的共生》这本书就描述了其中的一些共生现象。例如蚂蚁吸吮蚜虫尾部排出的甜汁，同时也帮助蚜虫驱赶它的天敌——瓢虫；鳄鱼鸟帮助鳄鱼清理口腔和身上的寄生虫，也通过这个方式获取食物；红嘴啄牛鸟啄食水牛身上的蚜虫，获取食物的同时也帮助了水牛；隆头鱼会帮助海鳝啄食它身上的寄生虫，还会帮它清除牙缝里的残渣；海葵鱼会帮助海葵洁净水质，还会帮海葵吸引食物过来，当然海葵也会帮海葵鱼驱逐敌人。以上都属于"互利共生"现象，即双方互帮互助。书中还介绍了一种"偏利共生"现象，即只有一方受助。例如鲸鱼和藤壶、柠檬鲨和鲫鱼之间的关系。其实这种伙伴关系在生物界中无处不在，包括人类也是如此，也要通过互帮互助才能生存下来。父母们可以带着孩子到水族馆去看看书中提到的这些生物，也可以一起阅读相关书籍和观看影像资料，增加对这方面知识的了解。

撰文/[韩]金美爱

大学时主修社会福利学，创作的童话作品获得了韩国安徒生奖和最佳儿童书籍奖。著有《老虎的泉水》《野蛮公主的冒险》《图书馆虫子和图书馆虫子》等书。作者作此文，希望通过对动物间共生现象的描写，能让孩子们从小就培养出互帮互助的美好心灵。

绘图/[韩]金理祚

大学期间学习纤维美术，曾为美术作家，现为一名插图家。绘有《黄金陀螺》《蝴蝶的地图》《嘣嘣 放屁也是混合物啊！》等书。

监修/[韩]鱼京演

在韩国庆北大学主修兽医学，专业是野生动物研究，并获取了兽医学博士学位。目前在韩国国立动物园担任动物研究所所长一职。著有《长颈鹿脖子长》《大象鼻子长》等书。

复旦版科学绘本编审委员会

朱家雄　刘绪源　张　俊　唐亚明
张永彬　黄　乐　蒋　静　龚　敏

总 策 划　张永彬
策划编辑　黄　乐　查　莉　谢少卿

图书在版编目（CIP）数据

动物的共生/[韩]金美爱文；[韩]金理祚图；于美灵译.
一上海：复旦大学出版社，2015.5
（动物的秘密系列）
ISBN 978-7-309-11291-7

Ⅰ.①动… Ⅱ.①金…②金…③于… Ⅲ.动物-儿童读物
Ⅳ.Q95-49

中国版本图书馆 CIP 数据核字（2015）第 053223 号

Copyright © 2003 Kyowon Co., Ltd., Seoul, Korea
All rights reserved.
Simplified Chinese © 2014 by FUDAN UNIVERSITY PRESS
CO., LTD.

本书经韩国教元出版集团授权出版中文版
上海市版权局著作权合同登记
图字：09-2015-167 号

动物的秘密系列 8
动物的共生
文/[韩]金美爱　图/[韩]金理祚
译/于美灵
责任编辑/谢少卿　高丽那

复旦大学出版社有限公司出版发行
上海市国权路 579 号　邮编：200433
网址：http://www.fudanpress.com
邮箱：fudanxueqian@163.com
营销专线：86-21-65104507　86-21-65104504
外埠邮购：86-21-65109143
上海复旦四维印刷有限公司

开本 787×1092　1/12　印张 3.5
2015 年 5 月第 1 版第 1 次印刷

ISBN 978-7-309-11291-7/Q·99
定价：35.00 元

动物的秘密系列 8

动物的共生

文/[韩] 金美爱　图/[韩] 金理祚　译/于美灵

复旦大學 出版社

小伙咔嚓是个热爱动物摄影的摄影师。

只要是有动物栖息的地方，他都会不远万里去摄影。

即使是旅途颠簸劳累，也不能阻挡他对摄影的热爱。

一、二、三！咔嚓！咔嚓！

小伙咔嚓热爱摄影，已经到了废寝忘食的地步。

"咔嚓！一定要拍出最好看的动物照片来！"小伙咔嚓暗下决心。

小伙咔嚓今天也同往常一样，为了拍摄动物的照片，来到了花草丛生的山坡。

他一边环顾四周，一边阔步向前。

突然，他一下子停了下来，还向后退了几步。

哎呀！那不是蚂蚁嘛！它是不是正在捕食蚜虫啊！

5

（蚂蚁）"啊呀，放心啦！

我不会捕食蚜虫的！

我只是想吮吸一下蚜虫尾部排出来的甜汁。

我不但不会伤害蚜虫，

相反，我还会帮助蚜虫，驱赶它的天敌——瓢虫呢！"

蚂蚁忘情地吮吸着蚜虫身上的甜汁。

咔嚓！

　　"共生"是指不同的生物，彼此生活在同一地方，互帮互助的现象。一般通过互帮互助，来获取食物或者驱赶危险动物。俗话说"众人拾柴火焰高"，一个人难以解决的事情，相互帮忙就可以轻易解决。

第二天，小伙咔嚓又去了很远的地方旅行。

他走啊走，一直走到了江边。

突然，只听一声巨响，水中传来了"哗啦啦、轰隆隆"的声音。

"嗯？这是什么声音呢？"

咔嚓急忙朝发出声响的地方望去。

啊！原来是鳄鱼正往江边爬来呢！

咔嚓吓得转身就跑，但偏偏这时，他却发现了一只鳄鱼鸟正向鳄鱼靠近！

天啊！难道小鳄鱼鸟一点都不怕凶狠的鳄鱼吗？

（鳄鱼鸟）"没事的，没事的！鳄鱼是不会吃我的。

因为我会帮鳄鱼清理附着在它身上的寄生虫。而且，我还会钻进鳄鱼的口腔，帮它清理塞在牙缝里的肉渣呢。"

多亏鳄鱼鸟的帮助，鳄鱼的口腔变得这么干净！

咔嚓！

这次，小伙咔嚓又来到了广袤的草原准备摄影。

"嗯？往哪里走呢？"

咔嚓仔细看了看四周，终于做出了决定。

不一会儿，只见咔嚓蹦蹦跳跳地穿过了草原。

突然，一头强壮的非洲水牛映入眼帘，它正在悠闲地玩耍。

嗯？怎么回事？

红嘴啄牛鸟好像在伤害水牛，它正在"吭吭"地啄食着水牛的鼻孔。

（红嘴啄牛鸟）"没事的，没事的！
我不是在伤害水牛。
我只是在啄食水牛身上的蚜虫。
这些蚜虫寄居在水牛身上，长期吸噬
水牛的鲜血，才真是让水牛受尽折磨呢。"

多亏了红嘴啄牛鸟的帮助，
水牛才全身干净、舒服。

咔嚓！

小伙咔嚓又穿上了潜水服，"扑通"一声跳进了水里。

他发现了一条海鳝，躲在珊瑚丛中，微微探头，一动不动，准备捕食食物。

这时，一条隆头鱼恰好出现。

它旁若无人，四处游动。

海鳝仿佛看到了美食，它"嗖"地一下张开大嘴，亮出了它那锋利而密集的尖齿。

小伙咔嚓又朝着珊瑚丛游去。

此时，他发现了一条游动的海葵鱼，全身长有三条白色条纹。

咔嚓很好奇，紧跟海葵鱼游着。

不料，后面有一条大鱼向海葵鱼追赶过来。

此时的海葵鱼惊慌失措，不知如何是好。

只见它一转身，藏进了有毒的海葵里。

顷刻间，海葵使用有毒的触须将海葵鱼紧紧地包裹了起来。

（海鳝）"没事的，没事的！
我不会捕食隆头鱼的。

我张开大嘴，是想请隆头鱼帮
我清洁一下口腔里的残渣。

最近几天，我吃了好多章鱼，
牙缝里塞满了章鱼残渣。

隆头鱼不仅帮我清除牙缝里的
残渣，还帮我啄食附着在我全身的
寄生虫呢！"

多亏隆头鱼的帮助，
海鳝全身从里到外清爽无比。

咔嚓！

（海葵鱼）"没事的，没事的！

海葵不会伤害我的。

其他的鱼类一旦触碰到海葵释放的毒液，就会被毒死。

但是我没事，因为我和海葵是好朋友，它不会伤害我的。

我会在海葵触须间游动，帮助海葵洁净水质、循环水流。

有时我还会引一些小鱼到海葵里来，帮助海葵捕食，让海葵饱餐一顿。"

那条大鱼，虽然对海葵鱼穷追不舍，但一看到有毒的海葵，也只能望而却步，咽下口水，原路返回了。

一、二、三！咔嚓！咔嚓！

小伙咔嚓一直在不停地拍照，生怕错过任何一个精彩的瞬间。

竟然有这么多的生物互帮互助、和谐共处，真是让咔嚓惊叹不已。

这时，一条庞大的鲸鱼，正好从咔嚓身旁经过。

咔嚓心想，难道鲸鱼和其他生物不同，是自己一个人生活吗？

（鲸鱼）"不是的，不是的！

我不是一个人生活！

瞧，我全身长满了藤壶！藤壶就是我的朋友，它和我一起生活！

尽管藤壶无法给予我任何帮助，但是我却可以带着藤壶到处游玩，因为我知道它无法走动，而我们又是朋友。"

瞧！藤壶黏附在鲸鱼的后背上，"疙疙瘩瘩"的全都是。

好像鲸鱼动，藤壶也在动一样。

不管鲸鱼说的对不对，我咔嚓都要给鲸鱼拍一张。

来，鲸鱼，看这里，笑一个！

咔嚓！

第二天，咔嚓身穿潜水服，又游到了更深的海洋里。

这时，一只柠檬鲨向咔嚓靠近，并露出了锋利的牙齿。

咔嚓吓了一跳，赶紧躲到了水草后面。

咦？奇怪！

怎么一只小鲫鱼却在慢慢靠近柠檬鲨呢！

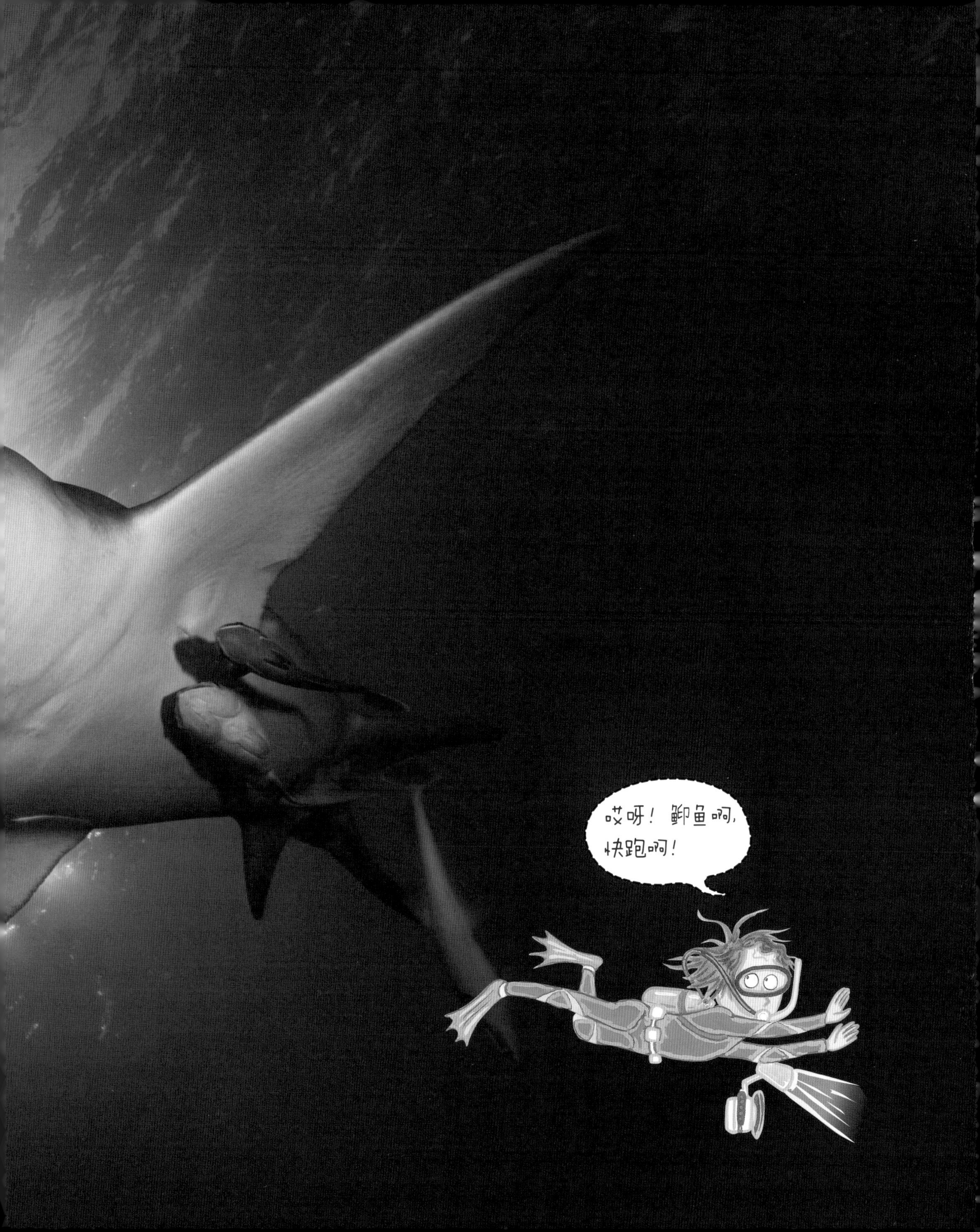
哎呀！鲫鱼啊，
快跑啊！

鲫鱼紧紧黏附在柠檬鲨腹部。

柠檬鲨则像正好在等它一样，鲫鱼一黏附好就马上游走啦。

咔嚓！

像蚂蚁和蚜虫、鳄鱼和鳄鱼鸟这样，互帮互助的现象叫作"互利共生"现象。而像鲸鱼和藤壶、柠檬鲨和鲫鱼这样，只有一方受助的现象叫作"偏利共生"现象。

（鲫鱼）"没事的，没事的！

柠檬鲨是不会伤害我的。

其实，我和藤壶一样，虽然帮不了柠檬鲨任何忙，

但是我会紧紧黏附在它的腹部，随它一起游动。

我跟随体型庞大的柠檬鲨一起游动，那么即使再远的地方，

也可以不费吹灰之力即刻到达。

出现再凶狠的敌人，我也可以毫无畏惧、受到保护。

不仅如此，我还可以吃到柠檬鲨吃剩的食物。

想想柠檬鲨整天吃各种美味，我也跟着沾光，大饱口福啦！"

小伙咔嚓旅行结束之后，举办了一个小型摄影展。
相片中的好朋友们，真是太让人羡慕啦！
但是咔嚓在感到羡慕之余，心里又感到有点难过。
因为它们都有好朋友，只有咔嚓是一个人。

这时一位小弟弟跑过来，一下子抱住了咔嚓。

"哥哥，你真棒！下次我也想跟你一起去，拍好多好多的照片！"

"好啊！我们也可以像动物们一样，成为好朋友啊！"

咔嚓和小弟弟都露出了灿烂的笑容。

去水族馆看一看！

到目前为止，我们已对动物间的共生关系进行了详细的观察。那么接下来，我们一起去水族馆，亲眼看一看鲨鱼、鲸鱼、海葵鱼和海葵吧。

水族馆有种类繁多的水中生物可供观赏。一进水族馆，那些生活在大海、溪水、沼泽、江河的水中生物就可以尽收眼底。中国拥有众多的水族馆，比如大连圣亚极地海洋世界、北京海洋馆、上海的海洋水族馆等。

注意！注意！

在去水族馆之前，请提前查好可供观赏的生物种类。最好提前阅读一下相关生物的画册介绍。

摸一摸！

近来，越来越多的水族馆，可以让游客亲手触摸活生生的海星、海参、海鞘等水中生物。请说出触摸之后的感觉。

确认一下！

仔细观察一下，海葵鱼是不是长得像书中所描绘的那样，并确认一下海葵鱼的好朋友是不是海葵。

▼海参

_____的观察日记

观察日期:	观察地点:

观察
内容

1. 请标出你在水族馆里所见到的水中生物的名字。

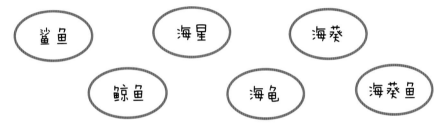

鲨鱼　　海星　　海葵

鲸鱼　　海龟　　海葵鱼

2. 请画出你心目中最漂亮的海葵鱼。

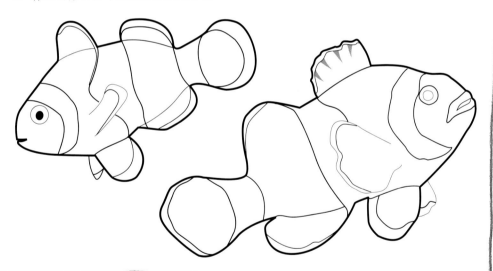

3. 请写下观察之后的感受。

啊，原来是鳄鱼鸟啊！